中国少年儿童科学普及阅读文库

探索·科学百科™ 中阶

宇宙天体与地球

中国少年儿童科学普及阅读文库
TANSUO
KEXUEBAIKE
★★★★★
2级A4
探索·科学百科

[澳]尼古拉斯·布拉克⊙著
刘锴(学乐·译言)⊙译

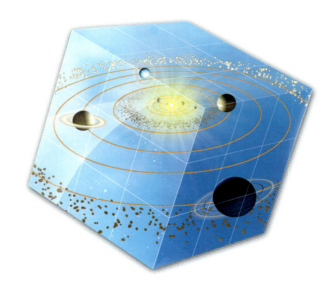

Discovery
EDUCATION™

全国优秀出版社
全国百佳图书出版单位
广东教育出版社 学乐

广东省版权局著作权合同登记号

图字：19-2011-097号

图书在版编目（CIP）数据

Discovery Education探索·科学百科. 中阶. 2级. A4，宇宙天体与地球/［澳］尼古拉斯·布拉克著；刘锴（学乐·译言）译. —广州：广东教育出版社，2014.1
（中国少年儿童科学普及阅读文库）
ISBN 978-7-5406-9316-9

Ⅰ.①D… Ⅱ.①尼… ②刘… Ⅲ.①科学知识－科普读物 ②天文学－少儿读物 ③地球－少儿读物 Ⅳ.①Z228.1 ②P1-49

中国版本图书馆 CIP 数据核字(2012)第153842号

Discovery Education探索·科学百科（中阶）
2级A4 宇宙天体与地球

著 ［澳］尼古拉斯·布拉克　　译 刘锴（学乐·译言）

责任编辑 张宏宇 李 玲 丘雪莹　　**助理编辑** 李颖秋 于银丽　　**装帧设计** 李开福 袁 尹

出版 广东教育出版社
地址：广州市环市东路472号12-15楼　邮编：510075　网址：http://www.gjs.cn
经销 广东新华发行集团股份有限公司　　　　　**印刷** 北京顺诚彩色印刷有限公司
开本 170毫米×220毫米　16开　　　　　　　　**印张** 2　　　　**字数** 25.5千字
版次 2016年5月第1版 第2次印刷　　　　　　　**装别** 平装

ISBN 978-7-5406-9316-9　　**定价** 8.00元

内容及质量服务 广东教育出版社 北京综合出版中心
电话 010-68910906 68910806　　网址 http://www.scholarjoy.com
质量监督电话 010-68910906 020-87613102　　**购书咨询电话** 020-87621848 010-68910906

Discovery Education 探索·科学百科（中阶）
2级A4 宇宙天体与地球

全国优秀出版社
全国百佳图书出版单位　　广东教育出版社　学乐

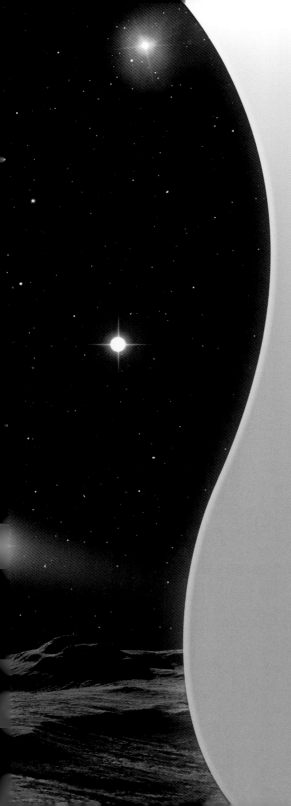

目录 | Contents

宇宙 ································· 6

大爆炸 ······························ 8

太阳系 ····························· 10

太阳 ······························ 12

水星 ······························ 14

金星 ······························ 15

地球 ······························ 16

月球 ······························ 18

火星 ······························ 19

内太阳系 ··························· 20

木星 ······························ 22

土星 ······························ 23

天王星 ····························· 24

海王星 ····························· 25

冥王星及更远的太空 ················· 26

外太阳系 ··························· 28

互动

配对 ······························ 30

知识拓展 ······················ 31

宇宙

我们认为地球已然是个庞然大物了，但它仅仅是我们太阳系中的八大行星[1]之一。我们的太阳系又只是银河系中无数个恒星系统之一，而银河也只是宇宙中无数个星系之一。所以，相对于我们所处的宇宙和太空来说，地球真的很小。

1.八大行星：冥王星曾被认为是太阳系的第九大行星，但在2006年的国际天文学联合会上，它被重新划分为矮星，不再被视为一颗行星。

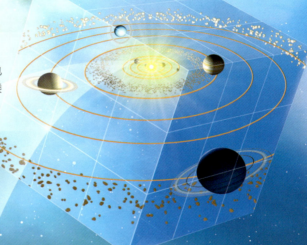

本星系群

本星系群是包括地球所处之银河系在内的一群星系。距离银河系最近的大型星系是仙女座星系。

太阳系

太阳位于太阳系的中心。包括地球在内的八颗行星和一些矮行星环绕太阳运动。

地球

这颗充满水的行星从太阳那里获得热和光。在地球之外的行星上还从未发现过生命存在的迹象。

像一颗蓝色的玻璃珠

1968年，当阿波罗8号的宇航员飞往月球时，他们看到地球就像漂浮在漆黑太空中的一颗蓝色玻璃珠。与之相比，他们正在环绕飞行的月球则是了无生机的灰色。其中一名宇航员吉姆·洛弗尔(Jim Lovell)在太空中感叹道："这广袤的孤独令人敬畏。"

遥远的区域

我们目前所能看到的来自最遥远星系的光，是在 130 亿年前发出的。

银河系

若以光速旅行，穿越我们的银河系至少需要 100 000 年。

近邻

我们最近的邻居是月球。其他近邻还有组成我们太阳系的行星、矮行星和太阳。若以光速旅行，抵达月球需要 1 秒钟，抵达太阳需要 8 分钟，抵达海王星则需要 4 小时。

一些科学家相信我们的宇宙只是众多宇宙中的一个。

大爆炸

我们今天所看到的宇宙大小远超我们的想象。然而数亿年以前，整个宇宙却是挤在一个比一个点还要小的空间里。大约在 137 亿年前，宇宙开始了一个戏剧性的扩张过程，科学家将这一过程称为宇宙大爆炸。这是我们所知的宇宙的开端，而且宇宙现在仍在继续扩张。宇宙最初的温度极高，比太阳表面温度高出无数倍。从那时起，宇宙一直在慢慢冷却。

最初的三分钟

我们所知的宇宙最初就像是原子那样微小的粒子。

时间简史

在炽热的温度和稠密的能量闪电中，宇宙开始大爆炸。在这短短的一瞬间，空间和时间由此诞生。

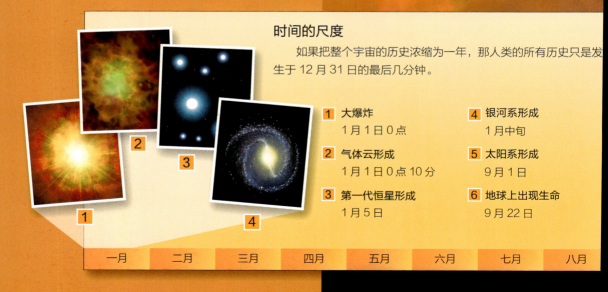

时间的尺度

如果把整个宇宙的历史浓缩为一年，那人类的所有历史只是发生于 12 月 31 日的最后几分钟。

1 大爆炸
1 月 1 日 0 点

2 气体云形成
1 月 1 日 0 点 10 分

3 第一代恒星形成
1 月 5 日

4 银河系形成
1 月中旬

5 太阳系形成
9 月 1 日

6 地球上出现生命
9 月 22 日

| 一月 | 二月 | 三月 | 四月 | 五月 | 六月 | 七月 | 八月 |

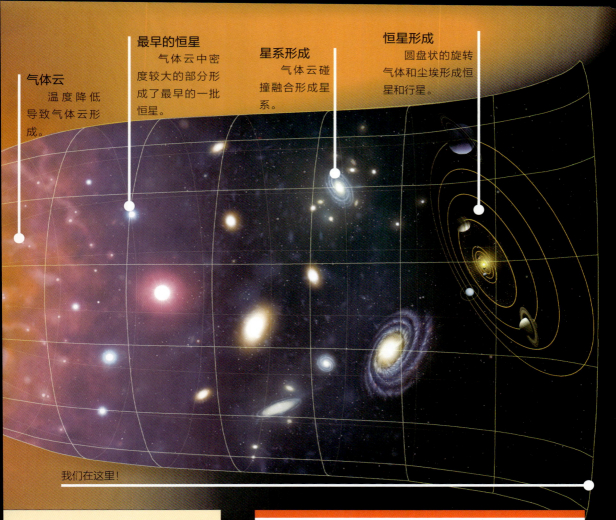

气体云
　　温度降低导致气体云形成。

最早的恒星
　　气体云中密度较大的部分形成了最早的一批恒星。

星系形成
　　气体云碰撞融合形成星系。

恒星形成
　　圆盘状的旋转气体和尘埃形成恒星和行星。

我们在这里!

5

6

今天

12 月 31 日

| 十月 | 十一月 | 十二月 |

宇宙的未来

　　科学家们相信，宇宙在一种被称为"暗能量"的力量驱动下，正在发生新的更快的扩张。这可能导致"大撕裂"（在此情况下，原子也会被撕裂），或是"大冷寂"（在此情况下，恒星最终都会熄灭），但不会出现"大挤压"（在此情况下，宇宙又会挤压成一个点）。

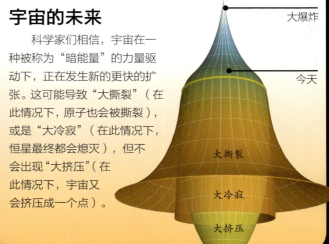

大爆炸

今天

大撕裂

大冷寂

大挤压

太阳系

我们的太阳系可以划分为五个主要部分。第一个部分是太阳，太阳系的行星和其他天体都环绕它运动。第二个部分是内区，这里是类地行星的家园，有水星、金星、地球和火星。第三个部分是小行星带，位于火星与木星轨道之间，这里有大量的由岩石和铁组成的小行星。第四个部分是巨行星的家园，有木星、土星、天王星和海王星。第五个部分是外区，这里有矮行星和彗星。

天王星（天空之神乌拉诺斯）

海王星（海尼普顿）

太阳系的形成

太阳系可能形成于一颗巨大恒星爆发后产生的气体和尘埃星云中，星云中的物质在自身引力的作用下坍塌收缩。经过一百万或两百万年的演化，这团坍缩的星云变得扁平。由碳、岩石、冰以及其他物质组成的小颗粒开始聚集，在大约 45 亿年前，这一过程最终导致了行星的形成。

1 恒星爆发	3 星云变得扁平
2 太阳系开始形成	4 今天的太阳系

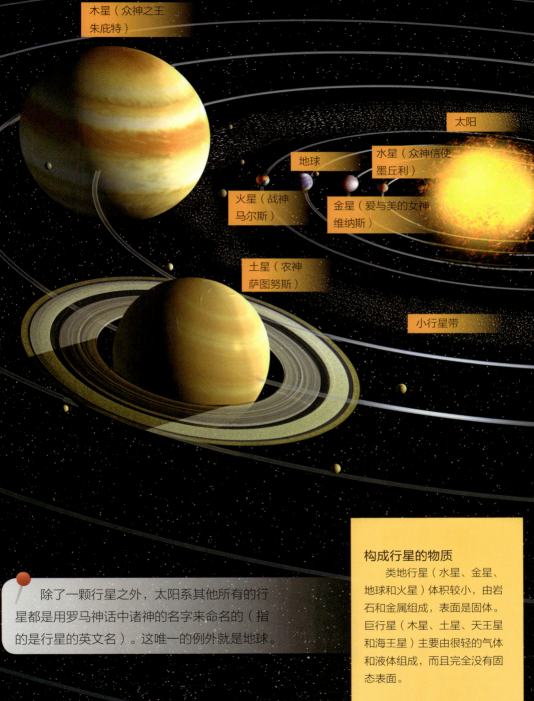

木星（众神之王朱庇特）

太阳

地球

水星（众神信使墨丘利）

火星（战神马尔斯）

金星（爱与美的女神维纳斯）

土星（农神萨图努斯）

小行星带

除了一颗行星之外，太阳系其他所有的行星都是用罗马神话中诸神的名字来命名的（指的是行星的英文名）。这唯一的例外就是地球。

构成行星的物质

　　类地行星（水星、金星、地球和火星）体积较小，由岩石和金属组成，表面是固体。巨行星（木星、土星、天王星和海王星）主要由很轻的气体和液体组成，而且完全没有固态表面。

太阳

太阳是如此巨大，它的引力支配了太阳系中所有天体的运行。行星的运动轨迹是两方面作用的结果，一方面行星试图远离太阳飞向太空，而另一方面太阳的引力将行星拉到环绕太阳的轨道上。

不可思议！

太阳的直径为 1 392 000 千米，其表面温度约为 5 800℃。

太阳黑子的秘密

太阳黑子是太阳上温度相对较低的区域。它们并不是恒久不变的，只是当太阳表面的气体被磁场困住时才会出现。太阳黑子在我们肉眼看来似乎很小，但实际上单个黑子的大小就比地球还大。

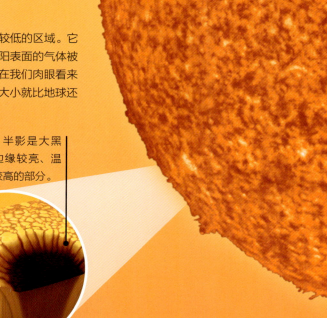

半影是大黑子边缘较亮、温度较高的部分。

本影是太阳黑子温度较低的中央黑暗部分。

太阳黑子的范围延伸到太阳表层以下。

太阳风

　　太阳风是从太阳大气的日冕层向四面八方射出的带电粒子流。太阳风的强烈爆发是由太阳表面的耀斑引起的。

磁暴

　　磁暴是太阳风中的带电粒子抵达地球时扰乱地球磁场的现象。

日冕物质抛射

　　太阳上不时会抛射出巨大的气体泡，并穿越整个太阳系。

日食

　　当月球运动到地球和太阳之间时，就会发生日食。当发生日食时，你在地球上所处的位置将决定你看到的太阳是部分，还是完全被遮住。

投下阴影

　　月球经过地球和太阳之间时，在地球上投下阴影。

日全食

　　日全食是指太阳的明亮圆盘被月球完全遮住。

水星

水星距离太阳 5 800 万千米，是离太阳最近的行星。它环绕太阳运动一周需要 88 个地球日。水星上的温差是整个太阳系中最大的，其温度范围从零下 180℃到 430℃。

名称来源
水星的英文名称 Mercury 是罗马神话中众神信使墨丘利的名字。

高地
相对于低地平原，高地通常更古老，陨星坑的分布也更密集。

峭壁
水星上的悬崖峭壁是在行星冷却时收缩挤压形成的。

陨石坑
这里的陨石坑能够保持数十亿年，因为水星上没有空气和水的侵蚀。

薄地壳，大核心

水星的密度很大，因为它有一个由铁和镍组成的大核心。几十亿年前的一次剧烈撞击很可能剥离了一部分外部地壳，导致这颗行星剩下一层很薄的地壳和一个大的核心。

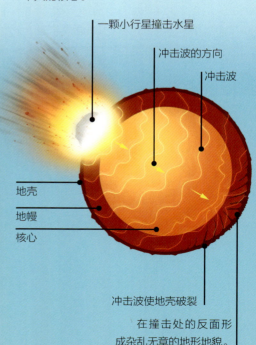

一颗小行星撞击水星

冲击波的方向

冲击波

地壳

地幔

核心

冲击波使地壳破裂

在撞击处的反面形成杂乱无章的地形地貌。

金星

金星距离太阳 1.08 亿千米。它环绕太阳运动一周需要 224 个地球日，而自转一周所需的时间更是长达 243 个地球日。金星的表面温度为 460℃。

名称来源
金星的英文名称 Venus 是罗马神话中爱与美的女神维纳斯的名字。

闪电
闪电通常发生在含有硫酸的云层中。

火山
曾有熔岩从高出平原几千米的火山口流出，可能至今仍有熔岩流出。

穹丘
火山穹丘可能是缓慢渗出地表的熔岩冷却后形成的。

云层反射的太阳光

散逸到太空的热辐射

太阳光入射

地表辐射出的热量

被云层捕获的热辐射

射到地表的太阳光

地表
金星的地表大约形成于 5 亿年前，这比地球的地表还要古老。

金星温室效应
金星大气由于强烈的温室效应捕获了大量的热量，使得金星表面的温度高于离太阳更近的水星。

地球

地球是太阳系中最大的类地行星，直径为 12 756 千米，同时也是唯一一颗拥有较大卫星的类地行星。地球距离太阳 1.496 亿千米。它环绕太阳运动一周需要 365.25 天，绕自身的轴转动一圈需要 24 小时。地球表面温度范围是零下 88℃ 到 58℃，这也是生命能在这颗行星上存在的原因。

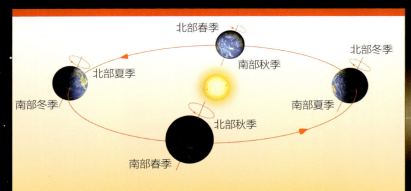

太阳与季节的关系

四季的产生是因为地球在围绕太阳运动时是倾斜的。当地球北部倾向太阳时，北半球就将经历夏季，南半球将经历冬季。当地球南部倾向太阳时，两者又颠倒过来。

大陆的形成

地球上的七个大陆或大洲随着时间的推移非常缓慢地演化。

2 亿年前

超大陆，又称盘古大陆，开始分裂成两个大陆。

9 000 万年前

两个大陆继续分裂，并相互漂离。

今天

各个大陆已分散在整个地球。

未来

大西洋将扩大，地中海将开始慢慢消失。

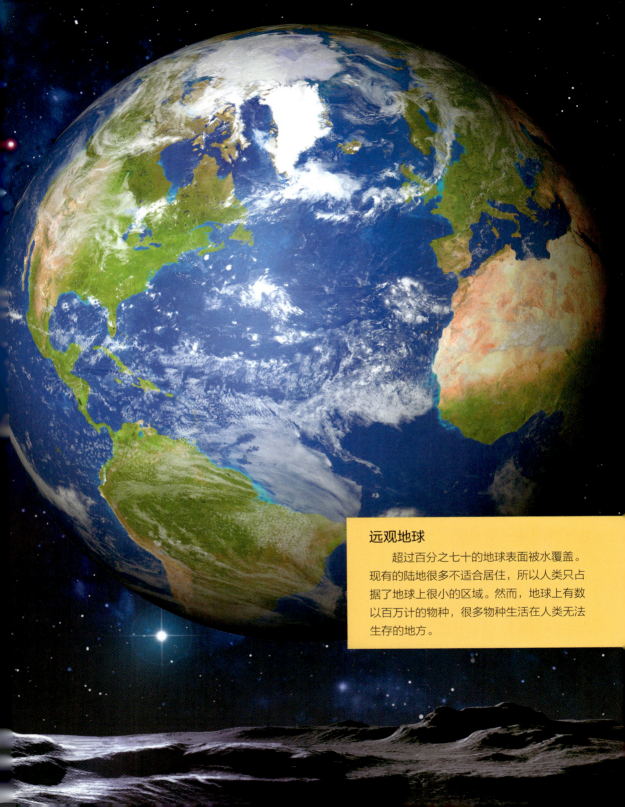

远观地球

超过百分之七十的地球表面被水覆盖。现有的陆地很多不适合居住，所以人类只占据了地球上很小的区域。然而，地球上有数以百万计的物种，很多物种生活在人类无法生存的地方。

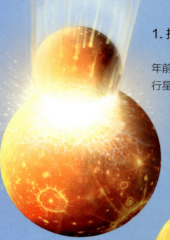

月球

月球是地球唯一的天然卫星。月球在围绕地球转动的过程中，两者间的距离会发生变化，平均距离为 384 403 千米。除太阳外，月球是我们在天空中能看到的最亮的天体。

1. 撞击

月球形成于 46 亿年前，是由一颗新生的行星撞击地球后产生的。

2. 碎片

撞击导致在短期内形成了一个环绕地球的碎片带，或许就像土星的光环一样。

3. 形成

月球就是由这些碎片形成的。碎片一部分来自撞击地球的行星，一部分来自地球。

月球是如何形成的

科学家们认为，月球是由一次剧烈的撞击所产生的碎片形成的。

月相

月球围绕地球转动时，我们所看到的月球被太阳照亮的部分不同。满月发生在月球和太阳分别位于地球两侧的时候，此时月球被照亮的一面正好面向地球。

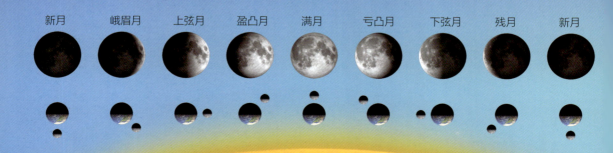

| 新月 | 峨眉月 | 上弦月 | 盈凸月 | 满月 | 亏凸月 | 下弦月 | 残月 | 新月 |

火星

火星距离太阳 2.28 亿千米。它环绕太阳运动一周需要 687 个地球日。火星的表面温度范围是零下 125℃到 24℃。火星上有大气、四季变化、两极冰冠以及结冰的水。

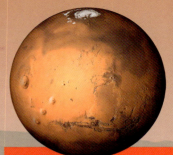

名称来源
　　火星的英文名称 Mars 是罗马神话中战神马尔斯的名字。

冰冠
　　火星上北极冰冠的鸟瞰图显示出螺旋状的凹谷。

冰雾
　　在火星上的春季，南极冰冠区域的上方会出现云和雾。

水
　　在被称为阿西达里亚平原的环形山附近已经探测到了冰冻水存在的迹象。

尘卷风
　　由于空气增温而生成的旋转上升的气流，卷起沙尘，然后飘落在火星的表面上。

人脸
　　1976 年，美国国家航空航天局（NASA）发布了一张火星上的自然地貌图片，图上的地貌看起来有点像一张人脸。

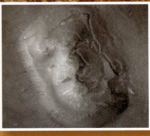

特写
　　所谓的"人脸"大约 1.6 千米宽。更清晰的图片显示那只是个普通的岩石高地。

内太阳系

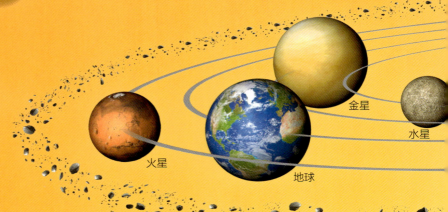

金星

水星

火星

地球

行星和月球的大小

直径

地球 = 12 756 千米

金星 = 12 104 千米

火星 = 6 794 千米

水星 = 4 879 千米

月球 = 3 476 千米

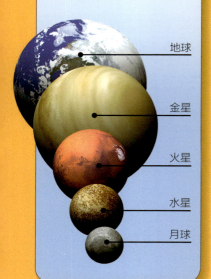

地球

金星

火星

水星

月球

水星

水星有一个由铁和镍组成的巨大核心。其表面布满陨石坑，而且了无生机。

岩石地壳

铁/镍核心

岩石地幔

金星

金星有一层厚厚的大气层，能密封住太阳的热量，并降下硫酸雨。

岩石地壳

铁/镍核心

岩石地幔

地球

地球是太阳系中唯一拥有能维持生命存在的表层液态水的行星。

岩石地壳

液态铁/镍外核

固态铁/镍内核

岩石地幔

月球

月球表面上有着古老的陨石坑和年轻的由凝固的熔岩形成的"大海"。

地壳

核心

岩石地幔

火星

火星是一颗较小的尘土飞扬的红色星球。火星上有水冰和干冰（固态二氧化碳）。

岩石地壳

硫酸铁/铁核心

岩石地幔

卫星数量

内太阳系一共有三颗卫星。

 水星没有卫星

 金星没有卫星

 地球有一颗卫星

 火星有两颗小卫星

内太阳系之最

最热的行星
金星表面的温度几乎一直保持在 460℃，是整个太阳系中最热的行星。

最高的山峰
火星上的奥林帕斯火山高出星球表面 27 千米。

最小的行星
水星是太阳系中最靠近太阳的行星，也是最小的行星。

地球

水星

金星的表面

最大的流星雨
1833 年 11 月 13 日发生的一场流星雨，每小时大约有 20 万颗极小的流星体坠入地球。

最大的峡谷
火星上的水手号峡谷大约有 3 800 千米长，7 千米深。

小行星带中最大的天体
一颗被称为谷神星的矮行星直径为 975 千米。

谷神星

内太阳系中的星体

类地行星
四颗最接近太阳的行星——水星、金星、地球和火星——被称为类地行星。

小行星
在火星轨道外侧附近有几十万个由岩石、金属和其他矿物组成的碎块，它们被称为小行星。

流星和陨石
流星是指流星体（包括沙尘和岩石那样的碎片）在地球大气中燃烧发光时所产生的光迹，这些碎片多数来自彗星。陨石是坠落到地面的较大的碎片。

火星人袭击！
表现火星人袭击地球的电影已经拍了不少。虽然相对于其他行星而言，火星与地球最为相似，但大多数科学家相信火星上并不存在智慧生命。

木星

木星几乎全部由氢气组成，距离太阳 7.79 亿千米，环绕太阳运行一周需要 11.9 个地球年。木星是太阳系中最大的行星，太阳系的其他行星都能完全放入其中。木星的自转速度很快，每 10 小时就自转一周。

名称来源
木星的英文名称 Jupiter 是罗马神话中众神之王朱庇特的名字。

木星的卫星
木星至少有 63 颗卫星，包括四颗行星大小的卫星和许多较小的卫星。

木卫三

木卫四

木卫一

木卫二

木卫二冰冻的表层下可能有液态水的海洋。

带状云
我们能看到的是木星大气层上部环绕行星的带状云。

亮云
白色的区域是温度较低的高空云层，由氨冰晶组成。

大红斑
大红斑实际上是木星大气中的一个旋转的古老风暴。

土星

土星距离太阳 14.3 亿千米，至少有 56 颗卫星。土星环绕太阳运动一周需要 29.5 个地球年。土星最明显的特征是有 3 个环绕这颗行星的主环。

名称来源

土星的英文名称 Saturn 是罗马神话中农业之神萨图努斯的名字。

土星光环是如何形成的

漂浮的行星

和木星类似，土星主要由很轻的氢气组成。它的密度甚至比水还小，就像一颗能漂浮在水面上的冰块，而不是沉重的岩石。

1. 一颗彗星或小行星与土星的一颗冰质卫星碰撞。

2. 撞击产生了大量的冰质碎块，这些碎块无法再形成另一颗卫星。

3. 不断的碰撞导致冰块在行星周围扩散开来。

4. 其他卫星的引力造就了光环现在的形状。

C　　　B　　　A

三个主环

所有的环都是由许多微小的类似于卫星的天体组成。

A 环内深色边缘称为卡西尼环缝

B 环是最亮的环

C 环是半透明的环

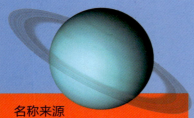

天王星

名称来源

天王星的英文名称 Uranus 是罗马神话中天空之神乌拉诺斯的名字。

天王星被发现于 1781 年，距离太阳 28.72 亿千米，环绕太阳运行一周需要 84 个地球年。天王星最不寻常的特征是其高度倾斜的姿态。它至少有 27 颗卫星，多数是由水、冰和岩石组成。天王星云层顶部的温度为零下 215℃。

天王星是如何变倾斜的

科学家们认为在天王星的早期历史中，它受到一颗行星大小的巨大天体撞击，导致其变成现在这样的倾斜姿态。它的轴倾斜了 97.9 度，相比而言，地球的轴只倾斜了 23.5 度。

年轻的天王星受到撞击

旋转轴倾斜

撞击产生的碎片形成卫星和光环。

光环和卫星的轨道也是倾斜的。

行星的内部

行星的内部构造和成分跟它们的外表一样各不相同。有些由岩石和矿物组成，有些由气体组成，其余的则是由冰态混合物组成的。

地球有由熔融的铁和镍所组成的外核以及固态的内核。

木星的地幔是液态金属氢，核心是岩石。

海王星的地幔由液体冰态混合物组成，核心是岩石。

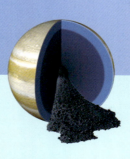

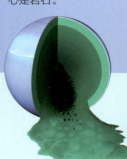

海王星

海王星距离太阳 44.97 亿千米，环绕太阳运行一周需要 165 年。海王星被发现于 1848 年。虽然它十分遥远，但其温度却比预期的高，天文学家发现这是因为它有内部热源。

名称来源

海王星的英文名称 Neptune 是罗马神话中海神尼普顿的名字。

海卫一上的喷泉

海王星的卫星——海卫一的表面非常寒冷，达到零下 235℃。地表有巨大的喷泉喷出液态氮。这些液态氮降落下来，给这颗卫星的表面上覆盖了一层氮霜。

给卫星称重

虽然天王星的卫星数量是海王星的两倍多，但是由于海卫一具有很大的尺寸和质量，所以海王星的卫星总重量更重。天王星和海王星的所有卫星主要由冰组成。

海王星有数条光环，但是因为太暗，从地球上很难看见它们。

天王星有 27 颗卫星

海王星有 13 颗卫星

冥王星及更远的太空

冥王星距离太阳 59 亿千米，环绕太阳运行一周需要 248 个地球年。冥王星被发现于 1930 年，曾一度被当成是一颗行星，直到 2006 年，被重新定义为一颗矮行星。这是因为在太阳系边缘发现了许多和它同样大小的天体。

名称来源

冥王星的英文名称 Pluto 是罗马神话中冥王普路托的名字。

一个国家面积大小的矮行星

冥王星及其最大的卫星冥卫一是如此之小，甚至可以将它们同时放入美国的版图范围内，而且还有剩余的空间。

冥王星

冥卫三

冥卫二

冥卫一

海王星以外的天体

柯伊伯带延伸的范围超过海王星到太阳的距离的两倍。柯伊伯带中的一些天体有类似于冥王星的轨道。其他天体离得更远，它们的轨道倾斜角更大。

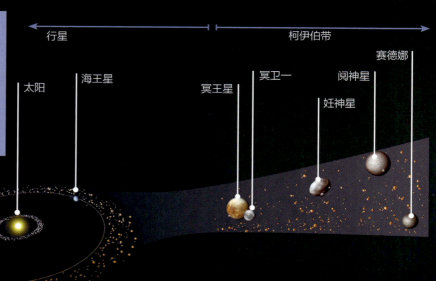

行星　　　　　柯伊伯带

太阳　　海王星　　冥王星　冥卫一　妊神星　阅神星　赛德娜

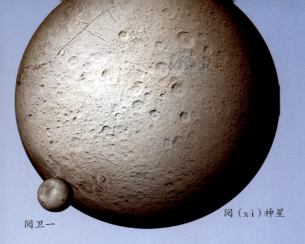

阅卫一

阅（xi）神星

妊神星

妊卫一

妊卫二

赛德娜

天体的轨道

跟彗星类似，冥王星、阅神星和许多其他柯伊伯带的天体环绕太阳运动的轨道是长椭圆形，环绕太阳一周需 要几百地球年。相比之下，八颗大行星的轨道更接近于圆形。

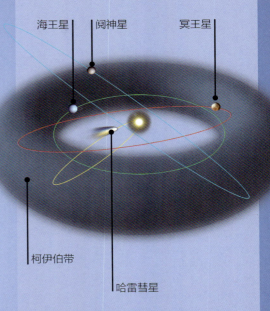

海王星　阅神星　冥王星

柯伊伯带

哈雷彗星

"新视野"号太空飞船

与太阳系中的行星不同的是，冥王星至今还没有人造太空飞船到访过。2006 年，"新视野"号太空飞船发射升空，预计将于2015 年抵达冥王星。

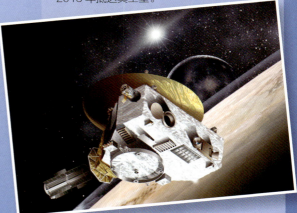

外太阳系

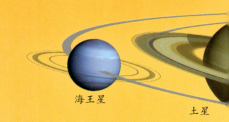

由于距离过于遥远，我们对外太阳系的认识少于对太阳系内部的认识。举例来说，我们已经明确地知道内太阳系内的行星有多少颗卫星，但天文学家们将来肯定会在外太阳系发现新的卫星。

海王星

土星

行星的大小

直径

木星 =	142 984 千米
土星 =	120 536 千米
天王星 =	51 118 千米
海王星 =	49 528 千米

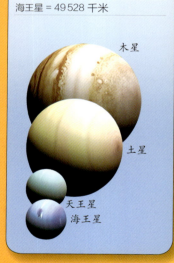

木星

土星

天王星
海王星

木星

木星最显著的特征是其表面彩色的带状大气层。那里的风暴可以持续几百年。

氢气
液态氢
岩核
液态金属氢

土星

与木星的大气相比，土星的大气温度较低，没有那么多色彩，而且也很难看见风暴。

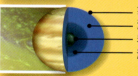

氢气
液态氢
岩核
液态金属氢

天王星

天王星的大气层非常平静，而且色彩单一，略带一点淡绿色。

氢气、氦气和甲烷气体
岩 / 冰核
水、氨和甲烷混合物

海王星

海王星有内部热源，使得其大气层能持续发生剧烈的风暴。

氢气、氦气和甲烷气体
岩 / 冰核
水、氨和甲烷混合物

卫星数量

行星越大，引力越强，能吸引住更多的卫星。

木星至少有
63 颗卫星

土星至少有
61 颗卫星

天王星至少
有 27 颗卫星

海王星至少
有 13 颗卫星

木星　　　　天王星

外太阳系之最

最大的行星

　　木星是太阳系中最大的行星，其质量是地球质量的 318 倍。

木星

地球

柯伊伯带中最大的天体

　　柯伊伯带中已知的最大天体是矮行星阋神星。

最扁的行星

　　土星是最扁的行星，因为快速的自转使得它的赤道比两极要突出一些。

最大的卫星

　　木卫三是木星的一颗卫星，它是太阳系中最大的卫星。

木卫三

　　天文学家先是预测了柯伊伯带的存在，然后花了 40 年时间才找到它。

海卫一

最冷的地方

　　海卫一是海王星的一颗卫星，它的表面温度为零下 235℃。

最长的彗尾

　　百武彗星的彗尾超过 5.7 亿千米长。

外太阳系的天体

巨型气体行星

　　木星和土星被称为巨型气体行星，因为它们非常巨大，而且富含氢气、氦气和其他气体。

彗星

　　彗星由冰和尘埃组成。它们的彗核直径可能只有几千米，但彗尾却能延伸几百万千米。

柯伊伯带

　　下方是柯伊伯带的切面图。柯伊伯带是海王星以外的一个区域，分布着无数颗冰质天体。

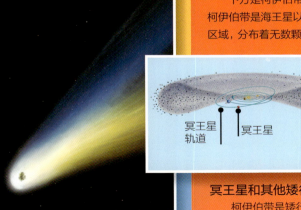

冥王星轨道　　冥王星　　柯伊伯带

冥王星和其他矮行星

　　柯伊伯带是矮行星的家园，如冥王星和阋神星，两者都有自己的卫星。

配对

你能将下面列出的提示跟右边的行星对应起来吗？

1 我是最接近太阳的行星。

2 我是最大的类地行星。

3 我完全向一侧倾斜。

4 我比你想象的要热。

5 我有极地冰冠，但我不是地球。

6 我环绕太阳运动一周需要 224 个地球日。

7 我自转一周只需要 10 小时。

8 你能知道我是因为我的光环。

地球

火星

天王星

木星

金星

水星

海王星

土星

答案：1. 水星 2. 地球 3. 天王星 4. 金星 5. 火星 6. 金星 7. 木星 8. 土星

知识拓展

氨气 (ammonia)
一种很轻的、无色有臭味的气体。

原子 (atom)
物质的组成成分，任何物质都是由原子组成。

碳 (carbon)
一种非金属元素，是所有生命体的基础。

剧烈的 (dramatic)
形容在外表上或效果上显著。

矮行星 (dwarf planet)
一种环绕太阳运动的球状天体，但是因为太小而不能归类为行星。

引力 (gravity)
所有物体之间都存在的吸引力。正是引力使得行星在环绕太阳的轨道上运行。

温室效应 (greenhouse effect)
地球的大气层吸收太阳热量的现象。

风暴 (gusts)
突然而短暂爆发的大风。

智慧 (intelligent)
能够思考、学习和理解的能力。

磁场 (magnetic field)
带电粒子遇到磁力的区域。

微观的 (microscopic)
形容很小，以至于要用显微镜才能看到的物体。

粒子 (particle)
物体的微小组成部分。

半影 (penumbra)
只有部分光线照到的阴影区域。

旋转轴 (rotation axis)
物体绕其旋转的直线。

太阳耀斑 (solar flare)
太阳上或接近太阳处一种突然而剧烈的能量爆发现象。

太阳系 (Solar System)
所有环绕太阳旋转的行星及其他天体所组成的系统。

本影 (umbra)
接收不到任何光线的阴影区域。

探索·科学百科™

Discovery EDUCATION™

世界科普百科类图文书领域最高专业技术质量的代表作

小学《科学》课拓展阅读辅助教材

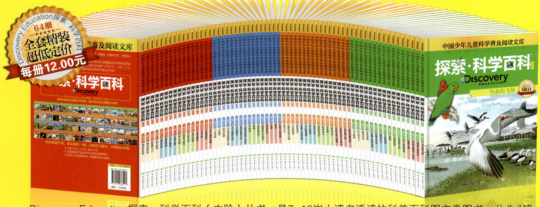

64册
全套精装
超低定价
每册12.00元

Discovery Education探索·科学百科（中阶）丛书，是7~12岁小读者适读的科普百科图文类图书，分为4级，每级16册，共64册。内容涵盖自然科学、社会科学、科学技术、人文历史等主题门类，每册为一个独立的内容主题。

Discovery Education
探索·科学百科（中阶）
1级套装（16册）
定价：192.00元

Discovery Education
探索·科学百科（中阶）
2级套装（16册）
定价：192.00元

Discovery Education
探索·科学百科（中阶）
3级套装（16册）
定价：192.00元

Discovery Education
探索·科学百科（中阶）
4级套装（16册）
定价：192.00元

Discovery Education
探索·科学百科（中阶）
1级分级分卷套装（4册）（共4卷）
每卷套装定价：48.00元

Discovery Education
探索·科学百科（中阶）
2级分级分卷套装（4册）（共4卷）
每卷套装定价：48.00元

Discovery Education
探索·科学百科（中阶）
3级分级分卷套装（4册）（共4卷）
每卷套装定价：48.00元

Discovery Education
探索·科学百科（中阶）
4级分级分卷套装（4册）（共4卷）
每卷套装定价：48.00元